AF245966

NOTICE

SUR

ROYAT

ET

SES BAINS

Eau thermale courante

EAUX ALCALINES MIXTES, GAZEUSES, LITHINÉES
FERRUGINEUSES,
CHLORURÉES-SODIQUES ET ARSENICALES

AGENCES :

Dans toutes les grandes villes de France et de l'Étranger.

COMPAGNIE GÉNÉRALE

DES

EAUX MINÉRALES DE ROYAT

(PUY-DE-DOME)

Société anonyme au Capital de 2,000,000 Francs

Siége social : à Paris, rue Vivienne, 7

La Compagnie a réuni dans son exploitation toutes les sources de la station :

La grande source Eugénie, — propriété de la commune — (concession de 60 ans) ;

La source César ;

La source Saint-Mart ;

La source Saint-Victor.

La variété de minéralisation et de thermalité de ces sources permet aux médecins de graduer le traitement à volonté, suivant l'âge et la constitution du malade.

EXPORTATION DES EAUX

Les eaux de la Compagnie générale s'expédient de l'entrepôt des sources, à Royat.

Toutefois, des agences pour la vente des eaux étant établies dans toutes les grandes villes de la France et de l'Etranger, on trouvera les eaux de Royat chez tous les principaux pharmaciens et marchands d'eaux minérales.

Pour tous renseignements et commandes directes, s'adresser à la Compagnie générale des Eaux minérales de Royat (Puy-de-Dôme).

NOTICE

ROYAT

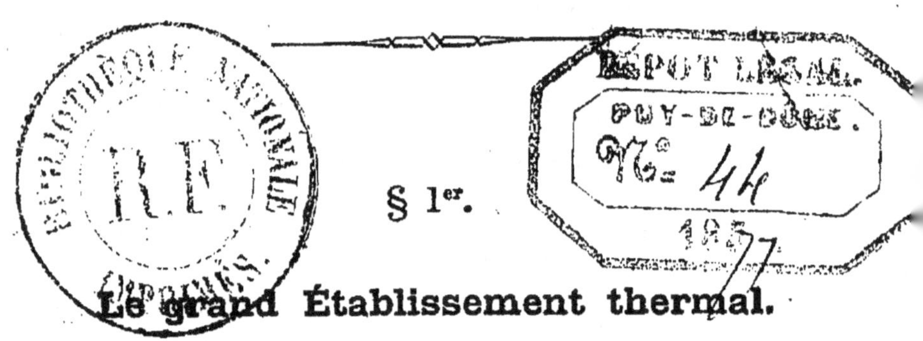

§ 1er.

Le grand Établissement thermal.

Royat est situé à 2 kilomètres de Clermont-Ferrand, dans une vallée ombreuse, où coule le Scatéon.

Son altitude est de 450 mètres au-dessus du niveau de la mer.

Les thermes sont construits à l'entrée d'une gorge, dans un lieu nommé le vallon de Saint-Mart, limités au sud par une coulée de lave, et au nord par la montagne de Chateix qui les protège contre les vents du nord et du nord-ouest.

La saison des bains s'y prolonge depuis le mois de mai jusqu'au 1er octobre.

Pour se rendre à Royat, on prend le chemin de fer de Paris-Lyon-Méditerranée jusqu'à Clermont-Ferrand. Là on trouve des voitures et des omnibus qui, dans 20 minutes conduisent à la station thermale.

Royat, que les touristes et les baigneurs ont appelé avec raison la plus charmante des stations françaises, est placé au pied des monts Dômes ; elle domine cette sorte de jardin de la France, la plaine de la Limagne, si fertile et si belle.

Là, point de variations brusques de température comme au Mont-Dore, mais au contraire une régularité et une douceur de l'atmosphère qui y sont maintenues par un courant continu d'air frais et vivifiant qui porte dans la plaine les parfums des montagnes.

Les hôtels y sont nombreux et confortables.

En face de l'établissement, les baigneurs trouvent un parc bien planté où ils peuvent faire leur promenade du matin ; un casino, avec cabinet de lecture, salle de concert et de théâtre, s'élève au milieu des arbres.

De charmantes promenades ou instructives excursions dans les environs s'offrent au baigneur et au touriste : la vallée de Fontanat, le puy de Dôme, son observatoire et son temple gallo-romain, le nid de la Poule, le puy de Pariou, le château de Tournoël, le lac d'Aydat, Gergovia, Clermont, Riom, Thiers, etc., etc.

Le grand Etablissement thermal, alimenté par la Grande-Source, source Eugénie, d'un débit de 1000 litres à la minute, contient 92 baignoires où **l'eau se renouvelle sans cesse**. Royat seul peut faire profiter les malades de cet inestimable avantage, à cause de l'abondance et de la température de sa principale source, qui s'échappe de terre marquant au thermomètre + 35°5 centigrades, qui est à deux degrés près la température du sang humain. Dans ces conditions, qu'aucune autre station thermale ne peut offrir, le malade se trouve placé dans un courant alcalin reconstituant chargé d'électricité et d'acide carbonique qui modifie puissamment les affections chroniques qui viennent demander à Royat leur guérison.

On trouve à l'Etablissement thermal, outre les baignoires et les piscines, toutes les ressources de l'hydrothérapie, des douches de toutes espèces, des salles de vapeur, d'inhalation, de pulvérisation, de bain de pieds, gargarismes, etc.

Les bureaux de la Poste et du Télégraphe sont situés dans le parc même.

§ 2.

Sources de Royat.

Les sources de Royat sont au nombre de quatre :

1° La Grande-Source ou source Eugénie ;

2° La source César ;

3° La source Saint-Mart ;

4° La source Saint-Victor.

Leur minéralisation est indiquée dans le tableau des analyses imprimé à la fin de cette notice.

En étudiant ce tableau, on verra qu'au point de vue de leur composition, les différentes sources présentent le type d'*Eaux alcalines*, *gazeuses*, *chlorurées-sodiques*, *reconstituantes*.

1° Elles sont *alcalines*.

Car elles sont une véritable gamme ascendante de sels
alcalins, bicarbonates de soude, de potasse, de chaux, de
magnésie et **de lithine** qui y est dissoute à l'état de
chlorure de lithium, à la dose élevée de 0^{gr}035 par
litre.

2° *Gazeuses,*

Car elles contiennent en dissolution des flots de gaz
acide carbonique ;

3° *Chlorurées sodiques,*

Puisqu'un litre d'eau tient dissous jusqu'à 1^{gr}728 de
chlorure de sodium, sans compter l'iodure et le bromure
de sodium ;

4° *Reconstituantes,*

Grâce au chlorure de sodium, au fer, à l'arsenic, au
manganèse, au carbonate de chaux qu'elles renferment.

L'eau de Royat, a une très-grande analogie avec l'eau
d'Ems (Duché de Nassau), ainsi qu'il a été constaté
depuis longtemps par tous les médecins hydrologues :
Gubler, Rotureau, Durand-Fardel, Mialhe, Le Bret,
Barraud et autres.

Mais **Royat est supérieur à Ems** par une
minéralisation plus forte, portant principalement sur
les bicarbonates de chaux et de fer, le chlorure de sodium et le *chlorure de lithium;* quadruple avantage qui
ne peut être dédaigné.

Deux litres d'**eau de Royat** représentent environ un
litre de *sérum du sang,* c'est pourquoi elle appartient à
cette classe privilégiée que M. Gubler appelle *lymphe
minérale,* parce qu'elle contient presque tous les principes qui entrent dans la composition du sang.

ANALYSES COMPARATIVES.

EAU DE ROYAT.		SÉRUM DU SANG.	

Bicarbonate de soude
  id.   de potasse
  id.   de chaux
  id.   de maguésie
	3,500	Bicarbonate de soude
		  id. de chaux
		  id. de magnésie
		Lactate de soude
			5,000

Chlorure de sodium	1,728	Chlorure de sodium
		  id. de potassium
		  id. d'ammonium
			5,500

Sulfate de soude	0,185	Sulfate de soude	1,000
Phosphate de soude (0,018) Bicarbonate de fer (0,040)	0,098	Phosphate de soude id. de magnésie	0,500
	5,511		12,000

2 litres d'eau de Royat représentent donc 1 litre de sérum sanguin.

Mode d'emploi.

Les Eaux de Royat sont administrées au grand Établissement thermal ou à l'établissement des bains de César, en boisson, bains **(à eau courante)**, douches variées, lotions diverses, inhalations, pulvérisations, etc., etc.

Transportées à domicile, elles conservent tous leurs principes.

En boisson, on les prend de préférence aux repas, coupées avec du vin, ou matin et soir coupées avec du lait chaud ou un sirop pectoral, en graduant les doses depuis un demi-verre jusqu'à trois verres par jour.

Les Eaux exportées par la Compagnie sont celles des sources **César** (diurétique, tonique, antidyspeptique) :

Source **Saint-Mart** (tonique, antidyspeptique, anti-arthritique); Source **Saint-Victor** (tonique, reconstituante, anti-anémique).

Grâce à leur température relativement basse et à leur quantité d'acide carbonique, les eaux de ces sources peuvent être transportées sans subir aucune altération.

L'eau de la **Source César** est très-recommandée comme eau de régime, **c'est la plus agréable à boire aux repas, de toutes les eaux minérales.**

§ III.

Applications.

Il y a à Royat une double indication curative :

D'abord, les affections qui demandent l'emploi des eaux alcalines ;

Ensuite toutes celles qui sont liées à un état prononcé d'anémie ; que cette anémie soit le point de départ du mal ou qu'elle n'en soit, au contraire, que la conséquence.

C'est en vertu de cette double règle que les eaux de cette station thermale agissent très-efficacement dans les catégories suivantes :

ANÉMIES, CHLORO-ANÉMIES, MALADIES NERVEUSES.

Les affections nerveuses, devenues si fréquentes, s'accompagnent presque toujours d'un appauvrissement du sang. Aussi, presque toutes les personnes qui souffrent des nerfs, les femmes surtout, sont-elles généralement pâles, affaiblies, privées d'appétit et de sommeil. Les **eaux de Royat** leur conviennent admirablement. Elles agissent comme *reconstituant* sur le sang et, par contre-coup, comme calmant le système nerveux : *sanguis moderator nervorum.*

Maladies des femmes.

L'anémie, la chloro-anémie, chez les femmes, sont souvent accompagnées de leucorrhées ou d'engorgement péri-utérin plus ou moins douloureux.

L'action résolutive et reconstituante des EAUX DE ROYAT, jointe à l'action sédative de l'acide carbonique, réussit on ne peut mieux contre ce genre d'affections, surtout si les malades présentent le tempérament lymphatique.

Maladies des voies respiratoires.

Les ressources thérapeutiques qu'offrent les salles d'inhalation, de pulvérisation etc., attirent chaque année, à Royat, de nombreux malades atteints de *bronchite chronique, de catarrhe pulmonaire chronique, d'asthme humide, de pharyngites, laryngites chroniques et granuleuses.*

Maladies des organes digestifs.

La dyspepsie gastrique ou gastro-intestinale, nerveuse ou acide, est heureusement modifiée à Royat.

Névralgies, Rhumatisme et Goutte.

L'action des Eaux de Royat est incontestable dans les névralgies survenant surtout chez les anémiques. — La quantité relativement considérable de *Lithine* qu'elles tiennent en dissolution, aidée des autres alcalins, les rend très-efficaces contre le rhumatisme et la goutte, principalement quand ces deux affections sœurs se présentent avec des manifestations *viscérales* ou *cutanées*. On peut dire et répéter bien haut que dans cette catégorie d'affections si variées et si nombreuses, les eaux de ROYAT sont des plus puissantes.

Royat est la station de France qui renferme le plus de LITHINE (1). Or, tous les médecins anglais ou français qui se sont occupés spécialement de la goutte, recommandent l'emploi de la *Lithine* contre les manifestations articulaires ou viscérales de cette cruelle et si douloureuse affection.

Maladies de la peau.

On traite avec succès à Royat toutes les maladies de la peau, d'origine arthritique, principalement *l'Eczéma, l'acné, le pityriasis, l'hydroa, le psoriasis,* etc.

Enfin le *diabète sucré* et *l'albuminurie,* la *gravelle urique* trouvent dans l'Eau de Royat un agent alcalin reconstituant des mieux appropriés.

Contre-indications.

Ces Eaux peuvent être nuisibles aux personnes pléthoriques, à système sanguin riche, aux individus atteints de maladies organiques du cœur.

(1) On peut consulter à cet égard les travaux récents publiés par MM. Truchot, Fredet et Boucomont.

Clermont-Ferrand, typ. MONT-LOUIS.

TABLEAU DES ANALYSES DES SOURCES

Analyses par M. LEFORT (1857)

DÉSIGNATION DES SUBSTANCES	SOURCES	
	Grande source EUGÉNIE	CÉSAR
Bicarbonate de soude............................	1.349	0.392
— de potasse	0.435	0.286
— de chaux....................	1.000	0.686
— de magnésie....................	0.677	0.397
— de fer....................	0.040	0.025
— de manganèse....................	Traces	Traces
Sulfate de soude....................	0.185	0.115
Phosphate de soude....................	0.018	0.014
Arséniate de soude....................	Traces	0.000
Chlorure de sodium....................	1.728	0.766
Iodure et bromure....................	Indices	Traces
Silice....................	0.156	0.167
Alumine....................	Traces	Traces
Matières organiques....................	Indices	Indices
Total des matières fixes....	5.588	2.848
Gaz acide carbonique....................	0.377	0.620
Gaz azote....................	0.052	0.038
Gaz oxygène....................	0.011	0.008
Chlorure de lithium (1)....................	0.035	0.009

Analyses par M. TRUCHOT (1875)

DÉSIGNATION DES SUBSTANCES	St-MART	St-VICTOR
Bicarbonate de soude....................	0.8003	0.8886
— de potasse....................	0.1701	0.8886
— de chaux....................	0.9606	1.0121
— de magnésie....................	0.6508	0.6464
— de fer....................	0.0230	0.0560
— de manganèse....................	Traces	Traces
Sulfate de soude....................	0.1463	0.1656
Phosphate de soude....................	Traces	Traces
Chlorure de sodium....................	1.5655	1.6497
Bromure et iodure de sodium....................	Traces	Traces
Chlorure de lithium....................	0.0350	0.0350
Silice....................	0.0945	0.0950
Arsenic....................	Traces	Traces
Total des matières fixes....	4.4551	4.6379
Gaz acide carbonique....................	1.709	1.492
Azote....................	7.5	6.6
Oxygène....................	Traces	Traces

(1) Par M. TRUCHOT (1875).

PARC ET ETABLISSEMENT DE ROYAT

Clermont, typographie Mont-Louis.